For the original edition:
Original title: Con le mani nella terra. Alla scoperta del mondo vegetale
Texts and illustrations by Emanuela Bussolati
Graphic design and layout by Studio Link
For the University of Padua (1222－2022)
Directors: Annalisa Oboe and Telmo Pievani
Project coordination by Area Comunicazione e marketing － Settore progetto Bo2022
Historical and scientific supervision by University of Padua
© 2019 Editoriale Scienza S.r.l., Firenze － Trieste
www.editorialescienza.it
www.giunti.it
The simplified Chinese edition is published in arrangement through Niu Niu Culture.

版权贸易合同登记号　图字：01-2021-3198

图书在版编目（CIP）数据

聪明绝顶的植物 /（意）埃玛努埃拉·布索拉蒂著；金佳音译. --北京：电子工业出版社，2022.3
（小科学家国际大奖图画书）
ISBN 978-7-121-42720-6

Ⅰ.①聪…　Ⅱ.①埃…　②金…　Ⅲ.①植物－少儿读物　Ⅳ.①Q94-49

中国版本图书馆CIP数据核字（2022）第014866号

责任编辑：朱思霖　文字编辑：耿春波
印　　刷：天津善印科技有限公司
装　　订：天津善印科技有限公司
出版发行：电子工业出版社
　　　　　北京市海淀区万寿路173信箱　邮编：100036
开　　本：889×1194　1/24　印张：4　字数：68.95千字
版　　次：2022年3月第1版
印　　次：2022年3月第1次印刷
定　　价：88.00元

凡所购买电子工业出版社图书有缺损问题，请向购买书店调换。若书店售缺，请与本社发行部联系，联系及邮购电话：（010）88254888，88258888。
质量投诉请发邮件至zlts@phei.com.cn，盗版侵权举报请发邮件至dbqq@phei.com.cn。
本书咨询联系方式：（010）88254161转1868，gengchb@phei.com.cn。

小猛犸童书
小科学家国际大奖图画书

2013年意大利安徒生奖最佳作家

聪明绝顶的植物

[意] 埃玛努埃拉·布索拉蒂 著

金佳音 译　万迎朗 审

电子工业出版社
Publishing House of Electronics Industry
北京·BEIJING

走进植物园

想想看，假如一天早上醒来时，你发现自己置身丛林，会怎么样？你会闻到陌生的气息，会看到令人惊艳的花朵，还有奇形怪状的叶子……这时候你会发现，世界上的绿色远不止一种，而是有成千上万种！你的耳边传来阵阵昆虫发出的嗡鸣，蹦跳的响动，窸窣的声音……你还会发现，原来动物与植物息息相关。你饿了，就会去采果子吃，植物能填饱你的肚子。面对生存的难题，植物有的是锦囊妙计。到处都是奇观，知识无处不在。

要探索奇妙的绿色植物世界，就请到植物园里去逛一逛吧。那是一座乐园，汇集着全世界最珍稀、最奇异、最特别的植物。在那里，你会了解到植物的生命系统是如何"运行"的。乘着地球这艘物种巨轮，你也是"哥伦布"，但你首先要知道如何驾驶巨轮，这样才能保证它安全平稳地航行。

谁在植物园里忙碌

植物园的温室和花园里，有许多忙碌的身影，大家各司其职，既有园艺师也有科学家。有的人负责对外联络，有的人则在图书馆、实验室或大学里工作。有的植物园非常古老，比如，意大利的帕多瓦植物园由帕多瓦大学创建于1545年，起初是为了研制草药而建的，是世界上第一座植物园。

植物园的**行政管理者**负责把资金更好地用于植物园的运营。

一些科研员负责实施科学研究项目，也负责保存样本。

有的**植物学家**专门负责种子样本的保管工作，他们要让种子样本保持活性。

其他研究人员则负责研究植物的繁殖系统，并观察植物的生长与习性。

植物病理学家则要监控每种植物疾病，用最合适的办法进行预防和治疗。

园丁负责日常照料植物。

专家也会担任植物园导游，他们为游客答疑解惑。

擅长记录故事的人，则负责将植物园的历史和发生在其中的故事记录下来。

负责讲故事的人要好好琢磨一下，怎么才能把植物的故事讲得易懂又有趣。

植物标本管理员负责收集整理风干的植物标本，以便对目前地球上存活的植物物种进行记录归档。

园长负责领导整座植物园中的各个部门，决策举办哪些活动，来确保一切都顺利地运转。

生命的起源

直到不久前，人们还认为万物皆为服务于人类而存在，可以对自然资源毫无节制地开发利用。但人类凭什么主宰地球呢？最早出现在地球上的是哪种生命形式呢？肯定不是智人，因为直到20万年前智人才出现，而地球则已经有45亿年的历史了！

科学家认为，几十亿年前，在炎热潮湿的地球环境中，先是出现了细菌，它们是地球上最早的生命形态。最伟大的进步是，有些细菌学会了利用太阳光来将二氧化碳和水合成糖，还在这个过程中制造了氧。

然后，植物就很容易存活下来了。将一株仙客来放入扎紧袋口的塑料袋中。你会看到，没有空气也没有水，这株植物就像一个被遗忘的囚徒一样，打了蔫儿；如果不把它从袋子里拿出来，给它浇浇水，它就会死掉。记住，对植物来说，这些东西是维持生命所必需的：适宜的水、空气、土壤、光线和温度。

如果你将手伸进土壤，那么你将与许多小东西不期而遇，尤其是昆虫。在不确定它们是害虫还是益虫之前，别去打扰它们。对于热爱植物和园艺的人来说，耐心细致地观察可是必备技能之一哟。

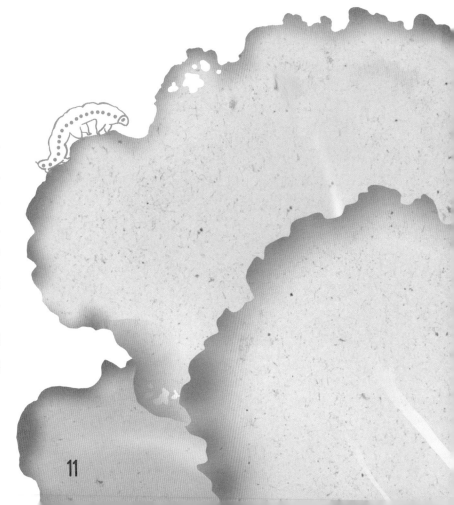

生菜可能常常出现在你家的餐桌上。除了我们人类以外，还有毛毛虫、蛞蝓、蜗牛，以及其他一些动物也都喜欢吃生菜。对大家来说，生菜是一种非常有益处的食物。为什么这么说呢？土壤中有丰富的矿物质，是维持身体健康的必备物质，但是矿物质本身既不好吃，又不易被消化吸收。生菜（还有其他的植物）能够通过根从土壤中吸收矿物质，然后使其分布在叶片中，所以食用生菜是对身体非常有好处的。

万物运转的动力

植物就是让整个世界维持运转的真正动力。它们能够让地球环境处于适宜动物生存的状态，这里所说的动物，当然也包括我们人类。植物能够制造氧，使我们呼吸的空气变得清新，还能调节气候，让我们感觉到舒适。而且，植物还是整个食物链的基础。在成百上千万年间，植物为了适应环境的变化而不停地演化，人类的出现也让植物发生了变化。我们的生命与植物之间有着千丝万缕的联系，我们的生存离不开植物，植物的健康对我们来说非常重要。

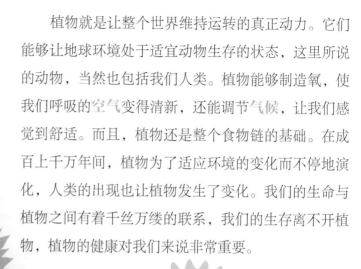

因此，我们应该保护所有的植物，连那些看起来似乎对我们没有那么重要的植物也要保护。

众所周知，许多战争和移民潮都是因为气候变化引起的，而气候变化又往往是由于大面积的森林被砍伐而引起的。由于干旱，地球上很多地方变成了沙漠，还有一些地方不久前还是茂密的森林，如今已经成了寸草不生、死气沉沉的荒野。

人类排放的大部分的**有毒废气**都能被植物吸收。

红树林——热带海岸边的丛林，它们能在台风袭来的时候保护陆地。

植物的**根**能够抓牢土壤，防止水土流失。

甘蔗是制氧能力最强的植物之一。而且，它还能高效地把太阳能转化为我们的能量食物——蔗糖。

食物都是绿色的

土地中的一切都能转变为帮助生命保持活性的物质。狐狸以鸡为食，鸡则以玉米粒为食……

剩下的玉米粒长成了新的植物。狐狸死后成为**细菌**和**真菌**的食物，细菌和真菌将养分释放进土地中，植物生长时就可以进一步利用了。

大鹅以生菜为食，它从生菜中获取矿物质和绿色能量，保持身体健康。

然后，农妇要用大鹅和生菜来做午餐。这就相当于分两次吃掉了生菜：第一次是把大鹅养肥的生菜，第二次是从菜园中采摘的生菜！

奶制品其实也来自植物。实际上，像牛、山羊、绵羊这样的草食动物，都是从植物中获取能量的。没有植物，动物就不能产奶，也就没有奶喝，更没有肉可吃啦……

只用一个骰子就可以玩的游戏。谁想当植物？

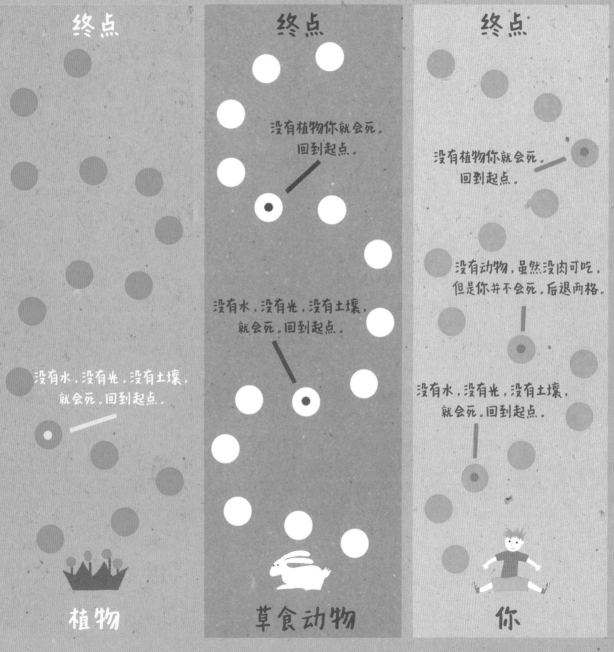

终点

终点

终点

没有植物你就会死。
回到起点。

没有植物你就会死。
回到起点。

没有动物，虽然没肉可吃，
但是你并不会死。后退两格。

没有水，没有光，没有土壤，
就会死。回到起点。

没有水，没有光，没有土壤，
就会死。回到起点。

没有水，没有光，没有土壤，
就会死。回到起点。

植物

草食动物

你

谁想当植物？在一个小纸片上写下名字！

15

植物的能量中心

对植物（乃至整个地球）来说，真正的能量中心就在于植物的**叶子**，叶子上有序地排布着叶脉，正是它们负责运输叶片（也就是叶子上比较平的部分）所需要的营养物质。

植物上所有的绿色部分都能捕捉光线，包括新生出的**嫩芽、花苞**和**新枝**，尤其是叶子，这样，整株植物都能从光线中获取养分了。

有时候叶片会在**茎**上交替生长，并不对称分布。时而在左侧，时而在右侧，没有固定的顺序。

这是为什么呢？要知道，对植物来说，**光线**是最重要的能量来源——植物会想方设法地接收到更多的光线，要是有别的植物敢跟它抢光线，它就会让自己长得更高、更大，这样就能保证接收到足够的光线了。

原来太阳能电池是植物发明的啊！无论是宽大、扁平的叶片，还是像松柏那种细细长长的针叶，都能捕捉到**太阳能**，将其转化为养分，同时为我们提供新鲜的氧气。

植物呈现出绿色，是因为它体内的一种色素——**叶绿素**。有了光线，叶绿素就能把植物的根提供的二氧化碳和水转化成糖分（植物的食物）和氧气，这个过程叫作"**光合作用**"。

当天气变冷的时候，植物不再需要那么多能量，于是叶绿素停止了工作，随后便消失不见了。这时候，**黄色**和**红色色素**就显现了出来。叶子枯萎、飘落，滋养土壤，植物会再从土壤中获取新的养分。

巨大的叶子

昂布鲁瓦·马利·弗朗索瓦·约瑟夫·帕里索·德·波伏瓦是一位18世纪下半叶的法国博物学家。他一生致力于昆虫与植物学研究，周游世界，收集到了许多鲜为人知的物种样本。在那个时代，欧洲宫廷会为像他这样的年轻人提供资助，鼓励他们去发现新的植物物种，带回来进行栽培。很快，昂布鲁瓦就发现自己迷上了园艺！

不过，他还是拿着报酬抵达非洲西部，发现了长着世界上最大叶子的植物：竹棕榈。这种植物的叶子，像其他的棕榈树一样，由许多细细的小叶片构成，叶柄长达25米，简直有一节火车的车厢那么长，或者说，简直跟……这位植物学家的名字一样长！

17

永无止境的收藏

从来没有哪个盲盒系列能像大自然这么慷慨。要是收藏树叶的话，你肯定永远不会找到两片一模一样的。

在数不清的树叶中，有些会让你觉得特别有趣，你可以挑那些平整且完好的树叶收集起来。这样平整的叶子会更容易保存。有些植物的叶子由许多片小叶子组成，比如接骨木。此时，将长在树枝上的整个复叶的主茎摘下，这样就能保存整个复叶了。

不好：这样的叶子收藏起来会不好看。

好：这样的叶子收藏的效果会很好。

将叶片加在两张纸之间，日记本的那种纸就行。

将它放在一摞书下面，等上20天。

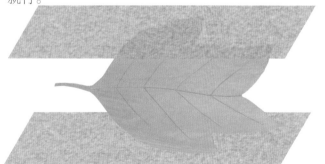

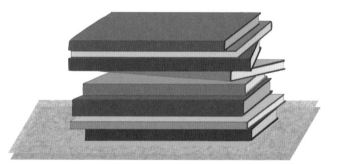

试着从这里开始你的第一片树叶收藏吧！你需要准备一些纸胶带，这样就可以把叶子粘在纸上而不把它弄坏了。然后，你可以在每片叶子旁边写上你发现它的日期、地点，以及树木的名字。

在叶子的尖端处粘上纸胶带，注意不要让胶把叶子弄脏。

枫香树叶片

收集地点＿＿＿＿＿＿＿＿

日　　期＿＿＿＿＿＿＿＿

适者生存

当我们还在妈妈肚子里的时候，我们是泡在像水一样的液体中的，这就跟地球上最早出现的生命形式所经历的阶段一样。

实际上，植物最早是以藻类的生命形式出现在地球上的，它们都是在30亿年前的海水、潟湖及湖泊中孕育而生的。

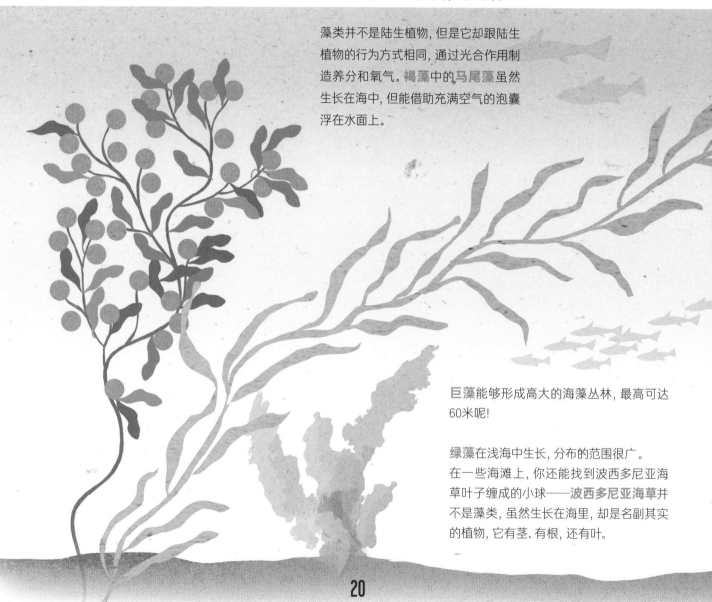

藻类并不是陆生植物，但是它却跟陆生植物的行为方式相同，通过光合作用制造养分和氧气。**褐藻**中的**马尾藻**虽然生长在海中，但能借助充满空气的泡囊浮在水面上。

巨藻能够形成高大的海藻丛林，最高可达60米呢！

绿藻在浅海中生长，分布的范围很广。在一些海滩上，你还能找到波西多尼亚海草叶子缠成的小球——**波西多尼亚海草**并不是藻类，虽然生长在海里，却是名副其实的植物，它有茎、有根，还有叶。

20

羊齿植物是最早离开水登上陆地的植物之一。其中包括**蕨类**与**木贼类**。和藻类一样，羊齿植物也是通过孢子繁殖的。在下面的图中，你能看到一些羊齿植物的叶片。为了在陆地上生长，羊齿植物演化出了一套通过茎叶输送水分和营养物质的系统。

红藻更喜欢在温暖的海域生长，有时是很深的海底。红藻叶与生菜叶及树叶完全不一样。它可真是与众不同啊，外形看起来跟珊瑚差不多，子株总是紧紧挨着母株生长。

21

巨人和小矮子：树木、灌木和草

为了更好地适应地球的生命环境（各种气温、气候和土壤环境），植物变得多种多样，演化出了许多不同的形态，而且它们还都摸索出各自的生存之道。树木——不管是落叶乔木还是常绿乔木——都有木质茎，而且高大又多枝。

灌木比较矮小，枝杈基本上都是由根部生出的，但也并不总是如此！有些灌木会高于2米——比如野蕉树最高能长到7米呢，而且它还能生出一个巨大的花序。

有用的植物多得惊人

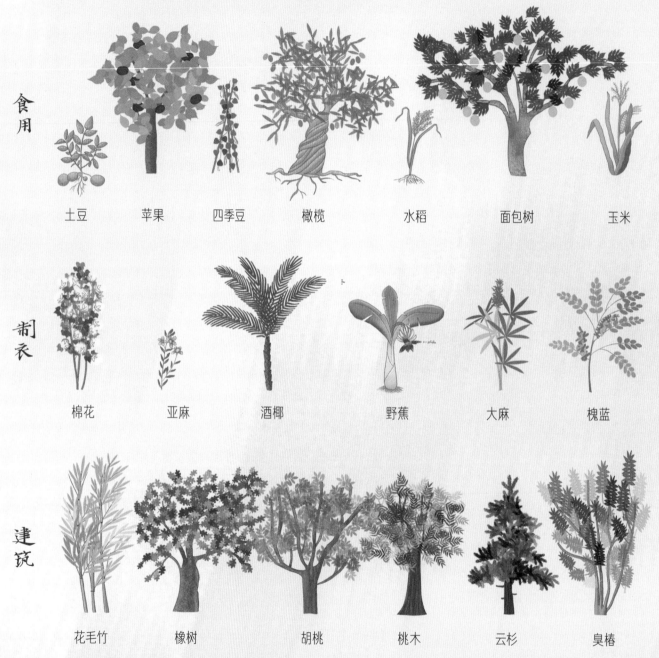

食用 土豆 苹果 四季豆 橄榄 水稻 面包树 玉米

制衣 棉花 亚麻 酒椰 野蕉 大麻 槐蓝

建筑 花毛竹 橡树 胡桃 桃木 云杉 臭椿

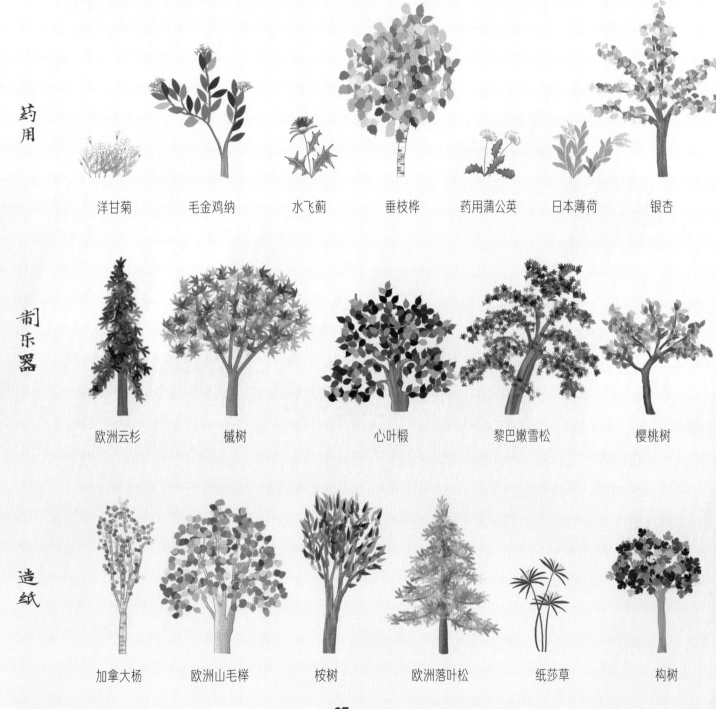

药用

洋甘菊　　毛金鸡纳　　水飞蓟　　垂枝桦　　药用蒲公英　　日本薄荷　　银杏

制乐器

欧洲云杉　　槭树　　心叶椴　　黎巴嫩雪松　　樱桃树

造纸

加拿大杨　　欧洲山毛榉　　桉树　　欧洲落叶松　　纸莎草　　构树

25

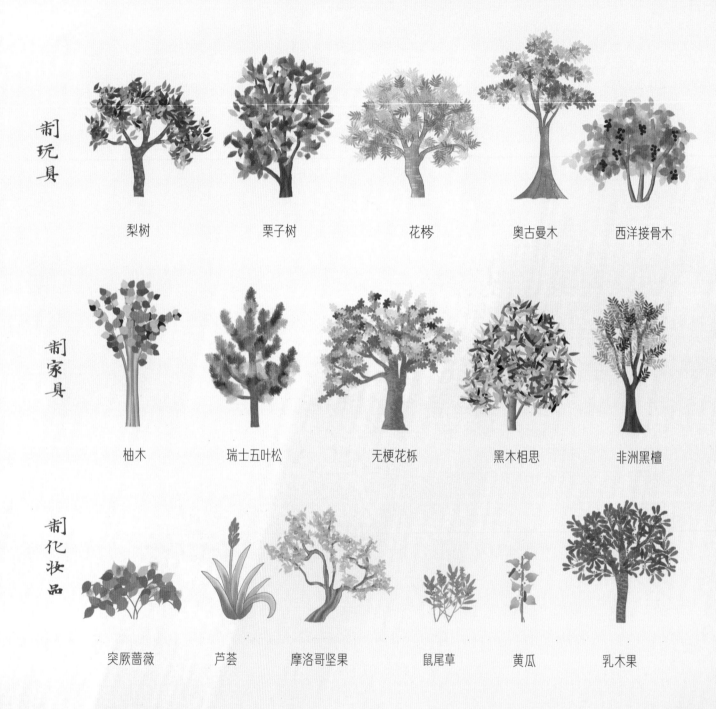

制玩具

梨树　　　栗子树　　　花楸　　　奥古曼木　　　西洋接骨木

制家具

柚木　　　瑞士五叶松　　　无梗花栎　　　黑木相思　　　非洲黑檀

制化妆品

突厥蔷薇　　　芦荟　　　摩洛哥坚果　　　鼠尾草　　　黄瓜　　　乳木果

26

仅用几样植物，我们就能造出许许多多的玩具来。这些玩具都不要钱，因为大自然为所有的孩子都准备了惊喜，等着我们去探索和发现。

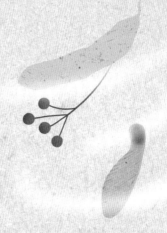

用**椴树**和**枫树**的种子进行一场"直升机"比赛。

用**美洲商陆**和**咖啡**画出的色彩比颜料还要美。

摇晃晾干的**老南瓜**或者已经干了的**角豆荚**，来演奏一首欢快的曲子吧。

用**蒲公英**来许个愿，然后让风带着你——梦想成真。

海岸松的松枝很长，可以用它的松枝扎成娃娃，然后给娃娃穿上衣服，用手指在娃娃头上敲一敲，让它在扣在桌上的金属罐上跳舞。

梦幻的世界

在植物的世界里，各种各样令人吃惊的事情层出不穷。

桂竹——**巨竹**，虽然只是竹子，长得却有一棵大树那么高！

大叶蚁塔以**巨大的叶子**著称。这种植物的大叶子甚至能用来遮雨！

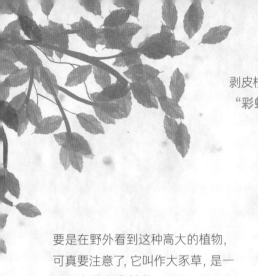

剥皮桉的树皮五颜六色，它甚至有**"彩虹树"**的美名。

猪笼草是令人惊诧的肉食植物。它们会将猎物引诱到它们壶状的叶片中，将猎物溺死在其中，然后再一点一点地消化掉。

要是在野外看到这种高大的植物，可真要注意了，它叫作大豕草，是一种**巨大的有毒植物**，对许多昆虫来说，它像个停机坪，不过对于人类来说，却会引起过敏。

巨魔芋又叫**泰坦魔芋**，它会开出巨大的花序，但这个花期转瞬即逝。它极少开花，而且开花时会释放出难闻的气味。

钢丝弹簧草弯弯曲曲的叶子从圆溜溜的球茎上伸展出来，好像刚从理发店烫过头发出来似的。

未来就在我们手中

30

我们的生存离不开植物，然而我们对待它们的方式却并不明智。我们乱砍滥伐，想用树木来榨油、制药、做木材，甚至只是为了给城市腾地方，或用它们来搭建房屋，这些做法都对我们自己在这个星球上的生存构成了威胁。森林中植物丰富的多样性保证了地球上所有生灵的生存。可是，世界上的森林面积正在迅速减少，而森林的再生速度则缓慢很多，这会导致非常严重的后果——气候失调，极端天气频出，比如滑坡、飓风，以及洪水。而且，很多时候消失的森林变成了大片耕地，而人们为了尽可能增加收成，降低成本，又大量使用农药和化肥。长期以来，大家不断地强调乱砍滥伐将带来的恶果，可似乎很少有人听得进去。认识并保护植物，是我们每个人都应该做的事。

31

植物猎手

几百年来，人类长途跋涉，从一片大陆来到另一片大陆，只为寻找可用的植物，尤其是香料。香料能让食物变得更加美味，还能帮助人们储存食物。虽然如今我们家家都有冰箱，但这也不过是近几十年的事情，在那遥远的年代里是没有冰箱的。

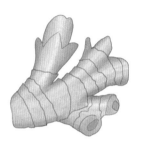

马可·波罗漂洋过海，历经多年，才踏上了东方大地。他是一位勇敢的旅行家，热爱人与植物，深深爱着故乡意大利威尼斯。所以，他为威尼斯带回了一种香辛料——姜。

克里斯托弗·哥伦布在新大陆没有找到香料。不过，他从那里把**辣椒**带回了欧洲，结果居然大受欢迎。

肉豆蔻之所以广为人知则要感谢**麦哲伦**的环球航行。肉豆蔻是一种珍贵的香料，不仅因为它吃起来香，还因为它闻起来也香。在卫生条件很差的遥远年代，人们把它抹在脖子上掩盖难闻的体味。

树的诗歌

曾经有个不羁少年，他求知若渴，情感丰富，而且文笔过人。这位少年就是约翰·沃尔夫冈·冯·歌德，他是一位诗人，同时也是一位博物学家和旅行家。在众多著作中，他为我们留下了他的意大利游记。他曾造访帕多瓦大学植物园。在那里，他歌颂了一棵200年树龄的老棕榈树。令歌德兴味盎然的不仅是这棵棕榈树，还有一棵非常古老的树木，它长着别具一格的扇形叶片，与柏树、杉树、落叶松具有亲缘关系，它是一棵银杏树。几年后，他在写给一位女性朋友的诗后附上了这棵树上的一片叶子。

银杏是一种非常古老的树种，也是它所在的银杏目下的唯一一个物种。银杏原产于中国，直到1750年，第一个银杏样本才被带到了意大利，就种在帕多瓦植物园内。银杏样本中，既有雄株，也有雌株，而雄株的花和雌株的花一旦完成受精，雌株就会产生出带有臭味的种子。

郁金香热

为了让植物园的植物物种更加丰富，为了将稀有的植物和珍贵的香料带到皇帝的花园中和餐桌上，为了给整个国家争光，或者出于对植物学无私的热爱，几百年来，人们走遍世界各地，互相较着劲，其中有军队指挥官、探险家、医生，当然还有科学家。历史的车轮不停地转动，为了争夺那些长着珍贵植物的土地，人们不断地展开流血大战。一些人沦为奴隶，为奴隶主采摘这些植物的果实、叶片和汁液。海盗之间为了争夺这些宝贵的资源更是不停爆发着摩擦和冲突。

其中最疯狂的一段历史，要数著名的"郁金香热"了。郁金香是一种非常美丽的花卉，源产自奥斯曼帝国（如今的土耳其）。人们购买郁金香的球茎，寄希望于能将它培育繁殖成花，再高价变卖带来一夜暴富。于是，在17世纪初的荷兰，许多人为了购买郁金香的球茎倾家荡产。一直到1637年，郁金香市场的泡沫才破灭。

幸运的是，如今，这样令人匪夷所思的狂热早已成为历史。人们只需花一丁点钱便可以买到能开出美丽花朵的郁金香球茎，谁都不必为之付出破产的代价。

植物学界的大人物

对于植物学做出贡献的不仅是那些研究如何利用植物的人。还有很多科学家以其敏锐的目光悉心观察，并且凭借一腔热情探索植物世界的奥秘。

老普林尼（23—79），他的著作《自然史》对后世科学家产生着深远的影响。

达·芬奇，生活于15世纪下半叶，他发现了植物生长的许多规律。

泰奥弗拉斯托斯，曾在哲学家亚里士多德创建的学院任院长，是公元前3世纪的一位科学家。他所著的《植物志》，是植物学研究的奠基之作。

林奈是一位18世纪的科学家，他是个非常讲究研究方法的严谨学者，是他开创了植物分类学的先河。

约翰·沃尔夫冈·冯·歌德于1790年写下了《植物变形论》。

弗朗西斯·阿莱是一位当代植物学家。为了从上空探索亚马孙雨林及其生物多样性,他发明了树顶气筏。

查尔斯·达尔文于1862年至1880年间发表了多部关于植物学的著作。他发现了花朵对昆虫的吸引具有很重要的意义。

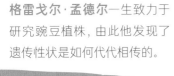

格雷戈尔·孟德尔一生致力于研究豌豆植株,由此他发现了遗传性状是如何代代相传的。

下一个在植物学界获得重要发现的大人物,可能就是你哟!

绿色婚礼

　　每到春夏，或是秋季，空气中会飞满了花粉，那是一种极其细小的颗粒，有一定的黏附性，它们会让新的植物诞生。这个时期，就是举办"绿色婚礼"的季节。树木、灌木、禾草，全都准备好了繁殖，它们的子孙后代让世界保持勃勃生机。**裸子植物**并不会开花，但雌性松果和雄性松果也能产生花粉。而**被子植物**却会开出花朵来，有的小，有的大，有的开单独一朵，有的则会开很多；这些花中会产生花粉，它们是雌花的卵子，一经受精，就会结出种子。

　　为了达到繁殖的目的，植物必须让自己的花粉到达相同种类的其他植株。每种植物都有各自的办法，有的选择让风将花粉吹走，有的选择让水带着花粉漂流，还有的选择让动物帮忙，在这种情况下，植物就得"说服"昆虫和其他小动物来帮忙传粉啦。它们是怎么做到的呢？

最棒的广告

要想让**花粉**从一朵花传播到同一种类的另一朵花那里去，风是个绝佳的媒介。不过，有些植物却不靠它：今天刮风，明天或许就没风了呢……这谁说得准呢？但是，植物又不能从自己生长的地方跑出去。那么，植物还有什么选择呢？动物可能会帮上大忙（其中也包括人类哟）！可是，怎么才能把动物吸引过来，并且说服它们帮忙传播花粉呢？做广告呀！这不，选择让动物帮忙**传播**花粉的植物们便争奇斗艳，让花苞绽放出美丽的花朵，让叶子变得五颜六色，有的令花瓣呈现出姹紫嫣红的色彩，而这一切的目的都是为了吸引动物的注意力，让它们帮助自己传播花粉。有些植物还会散发出特殊的味道来吸引某些动物。这简直让广告效果加倍！花粉一传播出去，花朵就会凋零，因为它们没用了。

40

与众不同的传粉者

旅人蕉刚刚出现在地球上的时候，并不叫这个名字。那时候既没有旅人，也没有科学家。就像所有力争生存的植物一样，它也要想办法保证自己物种的存续。它做了很多尝试：显眼的花朵，甜美的花蜜……可是蝴蝶和蜂鸟们总是把花粉浪费在别的植物身上，结果旅人蕉始终无法达到自己的目的。于是它就用十分锋利的花苞包裹自己的花蜜，这样只有少数特别垂涎于它花蜜的动物才能将花苞打开！

有两种哺乳动物做得到这一点：蝙蝠和狐猴。它们以旅人蕉的花蜜为食，同时作为回报，它们帮助旅人蕉繁殖！

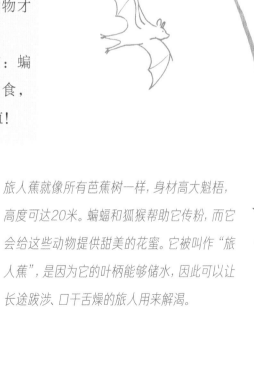

旅人蕉就像所有芭蕉树一样，身材高大魁梧，高度可达20米。蝙蝠和狐猴帮助它传粉，而它会给这些动物提供甜美的花蜜。它被叫作"旅人蕉"，是因为它的叶柄能够储水，因此可以让长途跋涉、口干舌燥的旅人用来解渴。

41

街边小吃和物流快递

蜜蜂与扶桑花

蝴蝶与大叶醉鱼草

飞蛾与紫花野芝麻

蝙蝠与仙人掌

蜂鸟与短筒倒挂金钟

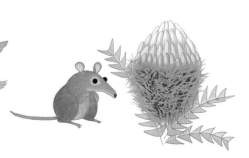

蜜负鼠与灯笼拔克西木

狐猴与旅人蕉

蓝尾石龙子与守宫花

红蝽与蓝蓟

42

白星海芋在英文中叫 "Dead horse arum lily"（死马白星海芋）。事实上，这种花闻起来就像腐肉一样。这种海芋用了一种非常奇特的办法来解决传粉的问题——它用这种腐臭的气味吸引昆虫飞来，然后它会将昆虫困住，直到它确定了昆虫身上沾满了自己的花粉，才把它放出去，让它飞到另一朵海芋那儿去！

只有在同一种植物之间传播花粉，它们才能生出种子。要想让那些长着四条腿或六条腿的传粉者来帮忙，植物不仅得提供富含能量的食物作为报酬，此外还得使出浑身解数吸引它们。为数众多的动物——尤其是昆虫——似乎与开花植物签订了协议，要与这些植物**互相帮助**。作为帮植物**传粉**的回报，这些动物能从植物那里获得许多它们最爱吃的花蜜，这样，合作双方都能得到好处。但是，为了让动物乐此不疲地提供传粉服务，有些植物也采取了十分"恶毒"的办法，比如，把这些来访者"灌醉"，让它们对自己产生依赖。还有一些植物会投放"虚假广告"——它们会把自己乔装打扮一番，或是设下一些圈套，引诱动物上钩。我们可能也不知不觉地成了传粉者！花朵盛开得如此艳丽，说不定就是为了引诱我们帮它传粉呢！

43

果实，
植物的小计谋

对开花植物来说，不经授粉就无法结出果实。没有果实，就没有种子。没有种子，植物就会灭绝，就像恐龙那样。而如果植物全都灭绝了，动物也会灭绝，人类也不能幸免。故而植物能够通过控制花粉的去向来决定种子乃至果实的生成。从我们的角度来说，为了我们自己好，也应该注意不要伤害帮助花朵传粉的昆虫，不要乱砍滥伐，因为森林是植物和传粉动物的家园。

为了保护种子，植物会演化出特殊的盛种子的容器，这真是绝妙的发明。有的植物会把种子裹在美味多汁的果肉内。为什么这样做呢？还是老原因啊——为了用甜美的气味吸引动物和人类的注意力，这样，种子就能被带到很远的地方去了。长久以来，花园、果园和菜园都是美丽、丰饶的象征。

45

种子藏进时间舱

如果你细心观察，光是凭种子就能猜到植物叫什么名字。每个物种都有它自己的"时间舱"。有些会将种子锁在木荚中，还有些锁在豆荚中，另外有些植物装种子的容器还要更加优雅精致——所有这些做法都是为了保护种子，在种子准备好变成一株新的植物之前，防止它们被嘴馋的家伙吃掉！

松树的种子直接藏在木质松果（即松塔）里，因此，这种植物被称为裸子植物。

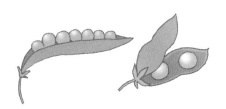

豌豆和**扁豆**的种子被裹在豆荚里。

橡树的种子"戴着小帽子"，挂在橡树枝头上。

黑种草演化出一个装种子的囊，周围布满了保护网。

许多水果的种子装在坚硬的**籽壳**中，而籽藏在果肉中，连在柄的一端。

浆果紫杉上长的"小球球"并不是果实，而且整个植株包括叶子都有毒。不要碰，更不能吃！

罂粟的外壳密不透风，一直到上面的"盖子"崩开为止。

缎花属的种子藏在三片像羊皮纸一般薄薄的小叶片中。

南瓜子被扁扁的籽壳保护着。

蓝花楹会把种子藏在两片木质荚中，这样，它们就可以随时随风飞走啦。

夏天快要结束的时候，许多植物都结出了种子。你可以采集一些种子，把它们装在纸袋里，放在冰箱里冷藏，等到春天再次到来的时候，试试把种子播种到地里。你可以将其中一只小纸袋粘贴在本页上。

蜀葵的种子彼此紧挨着，形成了轮状，到了合适的时候就会散开来。

你可以把装着种子的
小纸袋粘在这里。

蜀葵是一种长得高高的草本植物，我们经常可以在花园中看到它们。夏天的时候，它们会开出非常惹眼的花朵。每一株蜀葵上开出来的花朵颜色都可能有所不同，因为花粉很容易互相混淆，所以会开出杂色花朵来。

在远离妈妈的地方长大

要弄明白植物的想法，就要时刻记得它们是不能移动的。这时候，它们要为自己的种子考虑，这些种子未来会长成新的植株，需要足够的光线和空间，因此，母株必须把种子送到很远的地方去。

有些植物则会想办法让种子学会漂流，于是把种子交给**流水**——比如椰子、荸荠。

有些植物会让种子长出**翅膀**或者**羽毛**来，这样它们就可以乘**风**飞行了——比如蒲公英、槭树、榆树。

喷瓜也被叫作"炮弹瓜"，因为当它的果实成熟时，连着果实的梗会一下子断开，果实就会跳开，同时，还会喷出一股液体，液体中含有种子。这种植物根本不需要任何人帮助就能把种子传播出去！不过，如果你见到了喷瓜，可千万不要摸，因为它是有毒的。

为了传播种子，许多植物要寻求昆虫的帮助——而在所有昆虫中，最勤劳的搬运工就要数**蚂蚁**了。它们贮存的食物比能吃掉的多得多，所以，其中好多没被吃掉的种子都生根发芽了。

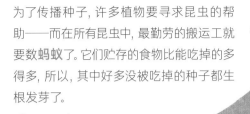

选择鸟儿帮忙播种的植物会将甜美的果实回馈给鸟儿。想想荔枝多好吃！有时候，植物还会选择特定的鸟类——橡树会选择松鸦，松鸦将橡子叼走，吃掉一些，而把另一些埋起来当存货。有时候，它们藏得太多就忘记自己究竟将橡子藏在了哪里，于是这些被遗忘的橡子就长成了新的橡树。

牛蒡生长在沙石地或荒野中。你可能曾经恶作剧将它的果实塞进朋友的毛衣里。它的果实表面长有一些小钩子，能够紧紧钩在动物的毛上。植物让果实长成这样，就是为了让动物带着种子去往尽可能遥远的地方。而羊儿、狗儿和孩子们，就成了它最理想的传播种子小帮手。

感谢大地

是大地接纳了种子，让种子在合适的温度下生根发芽，并用养分滋养植物。植物生长的理想土壤应该是松软的，这样才能有足够的空气让根须得以呼吸。土壤令**水分**能够流动，与沙子和小石子混在一起，让植物的根保持湿润，又不会腐烂。土壤中含有丰富的**营养物质**，这来自经分解后的落叶和死去的动物。这样的物质叫作"**腐殖质**"。在泥土中掺入腐殖质，能够让泥土更加肥沃，让刚刚发芽的小植株茁壮成长。如果你想用花盆来养植物的话，不要光顾着用泥土装满花盆，而是应该去找一些更合适的肥土，因为家里

或者在阳台上很难找到蚯蚓、鼹鼠和昆虫，你只能通过在土壤中掺入更多养料或者肥料让土壤变得肥沃。

秋叶落入土壤，让土壤中含有更加丰富的矿物质和营养物质，这些矿物质和营养物质最终会通过根须回到植物体中。

与鼢鼠一样，蚯蚓、鼹鼠、蚂蚁和小老鼠会在土壤中挖刨，它们会让土壤中富含氧气，土质变得松软。

如果土壤是**黏土**，就会变得很重且过于致密，土壤里面会缺氧，植物的根就会很难受。不过，这样的土壤能够长时间保持湿润，就连干燥的季节也是一样，所以对于不耐旱的植物来说，这种土壤也很适宜生长。

小动物挖洞时运到地上的泥土很**松散**，
适合幼小的芽苗生长。

沙质和砾质土壤看上去灰灰的，会从指缝
之间流走。这样的土非常适合耐旱的植物，
比如大蒜、洋葱、胡萝卜……

最好的土质是掺一些沙质土，一些黏土，以
及一些带有腐殖质和落叶的土壤。

最宝贵的馈赠

许多童话故事中都提到过小
矮人和强盗们埋在地下的宝藏。
但是还有许多故事告诉我们，真
正珍贵的宝藏其实就是土地本
身。玛雅传说中有一个故事，发
生在很久很久以前，那时候有数
不清的印第安人死于饥饿。由于
天上的神愤怒于人间的罪恶，便
将玉米偷偷拿走，藏在一个秘密
的山洞中。但是，一个好心的神
可怜人们，为了逃过天神的守
卫，他变成了一只小蚂蚁，去寻
找天神藏玉米的山洞。找到山洞
以后，他每次只能帮人类搬运一
颗玉米粒，就这样一次次地搬运
着。为了感谢他的馈赠，人们将
这些玉米粒撒进大地，地里长出
了一株株玉米，每一颗撒进地里
的玉米粒都长出了成百上千株玉
米来。从此以后，每当我们吃到
美味的玉米粥、爆米花和玉米饼
的时候，都要感谢大地的馈赠。

长得好，很重要

种子的任务就是萌出新芽，长成一株新的植物。新的植株必须在适宜的时候生长，这样才能长得好；而且也最好能在适宜的地点，这样才无须跟周围的其他植物争夺阳光和土壤。这可不是什么容易的事情啊！

啮齿类动物主要以种子为食，不过它们经常啃完种皮就把种子丢在一边了。如果正值好时节的话，那对种子来说简直再好不过了——没有了种皮，种子就更容易发芽了。

在**山火**频发的地区，土壤保护的种子有了山火的热量更容易萌发。植物都被烧掉了，新的小芽就有足够的空间和光线来自由生长了。

种子里面含有丰富的营养物质，可以滋养**幼苗**，也就是新长出来的植株，一直到它能够靠自己的根和叶片的光合作用为自己找到足够的养分为止。从种子中能够生发出最初的根须，这能让植株牢牢抓住泥土，并在土壤中寻找自己需要的营养物质。而地上的部分呢，萌出的芽苗努力地寻找着阳光，呼吸着空气，为自己制造能量。

如果**长生草**的种子落在了潮湿的地带，它们将不会萌芽。这种植物长在沙质土壤中，喜寒冷、白天少光，夜晚在略有潮气的环境中生长。

那些被我们叫作"草"的植物有时候也可以很美，它们喜欢从马路上的沥青缝中钻出来，或者在小花园中点缀着石头小路。

臭椿是一种非常顽强的植物，原产自中国。这种树在欧洲的人行道旁也很常见，称为"天堂树"。它于1760年首次来到意大利，栽种在帕多瓦植物园里。

植物的逻辑

刚刚萌生的时候，植物认为自己的首要任务就是在大地上扎下根来。为此，它先要生出根来。

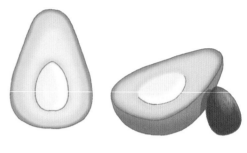

如果你想仔细观察根是如何生长的，可以尝试把一颗**牛油果核**丢进水里，等着它萌芽。

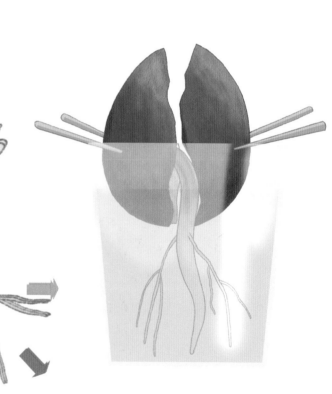

根须一旦深入到足够的深处，种子的另一端就会抽出**芽**来。

将四根牙签插进种子中，这样就能给它的**根**留出空间来，让它长得更好。

54

　　根总是知道往哪里生长能确保植物牢牢地抓住大地，并从中汲取养分。山体滑坡会让树木的生存受到威胁，一旦发生了山体滑坡，树木的根就会从不同的方向寻找泥土，而地面上的枝干则通过长出侧枝，帮助植株找到平衡。根须能够越过一切阻碍，而且它懂得"阅读"大地，会避开那些可能让自己受到伤害的地方。

松萝凤梨是一种奇妙的植物，作为一种攀缘植物它自己并没有根，而是爬到其他树木的枝条上，来享受原本照不到它的阳光。它靠吸收空气中的水分获取养分，因为水分中也含有氧气和矿物质。

地下生命

只有当发生了山体滑坡或者强风把大树连根拔起时，我们才发觉，原来选择脱离水体生活的植物还有很大一部分是藏起来的——这就是根系。

根系对植物来说很重要，它能帮助植物牢牢地抓住泥土，还能将土壤中的水分和矿物质输送给植物体。根系一般长得要比**树冠**还要大，而且在土壤中不断寻找养分的过程中还会不断地扩大。

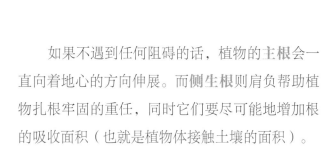

如果不遇到任何阻碍的话，植物的**主根**会一直向着地心的方向伸展。而**侧生根**则肩负帮助植物扎根牢固的重任，同时它们要尽可能地增加根的吸收面积（也就是植物体接触土壤的面积）。

有了根，一棵古老的树木能够向年轻的同类树木传递有用的环境信息。一棵树能够通过根部嫁接——也就是将自己的根系与附近生长状况不佳的树木的根系相结合，向其输送养分，或者帮助对方长得更加稳固。反过来，它还能通过根释放出有害或有毒物质，让附近的其他植物离自己的"地盘"远点儿。

胡萝卜和甜菜是两种草本植物，而我们最爱它们的根，因为它们的肉质根口感很好，营养丰富且味道甜美。我们会用一种甜菜来制作白糖，甜度跟蔗糖差不多。

根在土壤中的动作比蚯蚓和鼹鼠还要灵活呢！它们懂得提前躲开或应对障碍，它们会根据自身的物种特点寻找或避开潮湿或干燥的区域。多亏了那些细细的**根毛**，植物的根能创造出一张**巨大的网络**，收集土壤中的信息，汲取土壤中的养分，并输送给整株植物体。

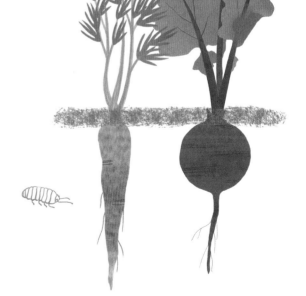

生存与沟通之网

一株根系健康的植物能够独自抵御害虫、寒冷、干旱，以及多种疾病的侵袭。因此植物要耗费大量能量来保证根系的健康。大树扎根的土壤应该是多孔隙且松软的。将车辆停在大树旁边或者用柏油覆盖根所处的土壤都会妨碍根系呼吸，这样一来，根系就会伸向地面，久而久之，根无法抓牢土壤，大树就会连根一起倒伏在地上。

真菌并不属于植物王国，因为它们没有根、没有茎也没有叶子，它们只是藏在土壤中的一些非常微小的丝状孢子，叫作"**菌丝**"。它们通过孢子进行繁殖。我们所说的"蘑菇"只不过是长在土地上或树皮上的那部分。实际上"菌"指的是整个**菌丝体**，所有的菌丝都算上。裸露在外的部分，叫作"子实体"。

有些真菌寄生在一些老树或者病树身上，从它们那里"偷"营养。还有些蘑菇则会跟植物建立互惠关系，它们向植物提供糖分和维生素，而植物回报它们以"消化好了的"矿物质和营养物质。根据这一"互惠"协议，蘑菇还会帮助植物抵御寄生虫，并扩大树木与树木之间、树木与周遭环境之间的信息网络。

许多**兰花**都会将根伸向空中，从空气中汲取水分和矿物质。它们大多生活在热带，那里十分潮湿，而且它们常常在其他植物的枝条上扎根，有些枝条离地面很高！

落羽松有个好笑的别名：秃柏。落羽松属于针叶植物，正如其他的松树和杉树一样，它的叶子形状尖尖的，像一根根的针。不过到了冬天，这些叶子就会变成红色，然后再变成褐色，最后这些叶子会落下来，这对于针叶植物来说是很少见的。落羽松生长在沼泽地带附近，它们发明了一个能在被水淹没的时候将氧分带给树根的办法：它们会从根部向上生出一些呼吸根，一直长到高于沼泽的淤泥之上！

别把它们叫作根

有些植物在地下生长的部分并不单单是根茎构成的。比方说，如果你仔细观察洋葱的话，会发现它们的根从圆圆的球状部分下面伸长出来，而叶子则从上面的尖头那里长出来。那么我们平常做菜时用到的圆球部分究竟是什么呢？那是它的**茎**，洋葱属的植物将茎演化成了**球状**，能够储存糖分，来应对环境严苛的时期。风信子、郁金香、水仙花或者百合花都是从球茎中生出芽来的。

马铃薯，也就是土豆，原产于南美洲，因此在哥伦布发现新大陆之前，欧洲人还不认识它。我们吃的是它的块茎，这是一种变态茎，主要是为了储存营养物质，从块茎上生出的每个小芽都能长成一株新的植物。

姜，就像很多蕨类植物、睡莲、鸢尾花一样，也是从一种特殊的地下茎生出芽来的——那就是**根状茎**。每一块根状茎都能发芽，也能生根，里面还能储存营养物质。

来举办一场球茎大赛吧！在这些球茎当中谁会先发芽呢？你可能会喜欢春天能开花的球茎。如果跟小伙伴比赛的话，请你们尽量选择同种球茎植物。尽量在11月到1月之间，同一个日子，同一个时间段，将它们栽种在干燥的阳台上或者室外。为它们浇足够的水，在接下来的几个月中，勤观察土壤是否潮湿。在你的球茎边上放一张卡片，写上你的名字。谁会是最后的大赢家呢？

在下图中，你会看到你的球茎植物在土壤下的深度，以及每种植物会长出多少。为了在种植的时候挖出深度合适的坑，你可以使用移苗铲。

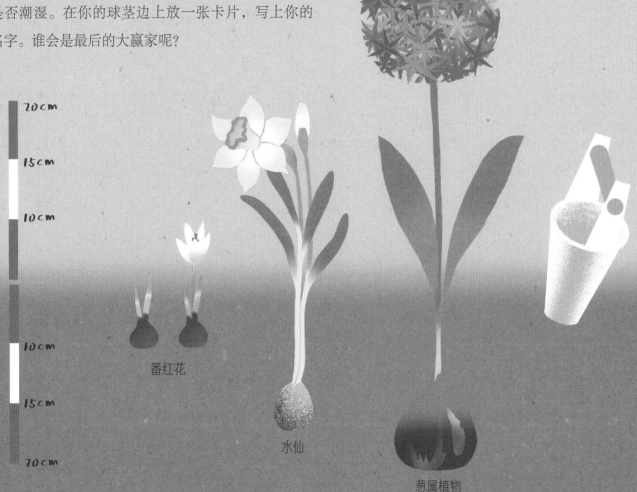

20cm

15cm

10cm

10cm

番红花

15cm

20cm

水仙

葱属植物

61

原来它们会动啊

植物并不会移动，不过，这并不意味着它们就只能待在那里一动不动。它们会不停地生长，会长出新的叶子，会让茎干、枝条不断地伸长，生出新的根来。叶子会朝着暖和、阳光充沛的方向生长。植物还会以各种有趣的方式来尽可能地霸占地盘儿。总之，它们其实是很不老实的！

常春藤的藤蔓攀着树干或沿着地面蜿蜒生长，这都多亏了它那鱼叉般的**不定根**。这种植物就这样不断伸长，在斑驳的光影中寻找更加舒适的生长环境。

红茄苳是一种红树属植物，生长在热带潮湿地区。从它的枝条上会生出一些垂向泥水的不定根，泥水会为根提供支撑和营养。这时，生出不定根的枝条就会与母株脱离，从而成为一株独立的植物——这就相当于植物往前走了一步。

草莓为了寻求太阳的光线和热量，会生长到任何空地上去。草莓植株会长出长长的匍匐茎，然后在匍匐茎的另一端会生出一株新的植株来。新植株长啊长啊，会越来越重，最后让长茎弯向地面生长，只要一接触地面，就会马上生出新的根。匍匐茎这时候就变得干枯。新的草莓植株会独自长大，再生出新的匍匐茎……以此类推。

三角紫叶酢浆草是一种草本植物，颜色很显眼，也因为它会动的叶子为人所知。它的叶子以三片叶片为一组，白天叶子是打开的，而夜晚它们就会像雨伞一样收起来。

两株长得过近的植物会影响彼此接收太阳光，所以它们会努力伸长并扭曲枝条，为自己争得空间。

仔细观察的人必有收获

如果一粒种子在一个错误的地方发了芽，那么植物就无法很好地生长，最终就会死掉。如果你想当一个优秀的园艺师，就要学会观察植物在大自然中的生长环境。我们在公园或树林中散步时很容易看到本地的植物，并可以进行仔细的观察。

这种植物似乎喜欢在少光的地方生长。

这是一棵树的种子。它需要较大的生长空间！

这一种植物总是长在石头缝中间。

这种植物经常生长在山坡上。

把花盆放在**阴影**中，尤其是午后时分。

这颗种子不能种在花盆里，而要种在**空间**更大的土壤中。

要将这种植物栽培在混有**沙子**或**小石子**的土中。

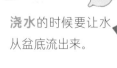

浇水的时候要让水从盆底流出来。

栽培一株植物就像一场冒险一般。每一颗种子都具有其所属物种特有的特征，同时又有它自己的个性！有的会很快发芽，有的则会慢吞吞地发芽。你会在大树脚下找到它的种子。

小型植物或者草本植物的种子就比较难找了，因为有的时候这些种子太小了，很快就随风飘散了。你可以尝试把一株野生小植物带回家，注意不要损坏它的根，还要注意它不能是受保护的物种。

这里雨水很多，也许这种植物喜欢潮湿的环境。

这里的土壤偏酸，而且很松软新鲜。

这里的土壤好干燥啊，一整年都没怎么下雨呢！

要在花盆或花园中为这样的植物创造**类似的生长环境**。

有些植物喜欢在落有橡树叶或松针的土壤中生长。

不要让这些喜欢强烈阳光和干燥气候的植物的根泡在水里。

65

在头脑中设想一座花园

当我们有了绿色的思想，就会想去尝试种植每一种植物，通过实践来弄清楚自己究竟能不能让植物健康茁壮地生长，也想学到更多有关植物的知识。于是，人们将自己在大自然中所见到的植物种在了门廊、阳台和花园里。

我的花园将建在哪里呢?

在家中 ☐

在门廊或阳台上 ☐

在家门口或校园里的草坪上 ☐

植物早上能晒到太阳吗? ☐

下午呢? ☐

还是全天日照? ☐

或者无日照? ☐

你住在山区吗? ☐

还是住在海边? ☐

你住在高楼林立、光影斑驳的都市? ☐

你住所附近的高楼大厦有很多能折射阳光的玻璃窗吗? ☐

供暖设备附近的空气会比较干燥！如果把植物放在这里，就要常常用小喷壶喷一喷。

 你从花商那里买来的植物一般种在窄窄的花盆里，因为花商要节省空间。你需要把这些花移栽到不小于5厘米的花盆里，因为植物的根也需要空间来不断伸长！

 空气污染对植物也是有害的。如果你居住在城市里，应该选择栽培耐受力较强的植物。在家中栽培有净化能力的植物是最理想的：芦荟、洋常春藤、绿萝、白鹤芋、铁兰。

 无论是在室内还是在室外，都不要把植物放在风口上。因为附近的房子会挡着风，而且会将风引导到你的花园里，把植物放在墙或者篱笆后面较为理想。

 天气**寒冷**的时候，一定要保护好你的植物。可以用叶子和秸秆等东西盖住植物的根部。如果天气炎热，植物又种在花盆里，就把它们移到阴凉处。

尽量保持土壤松软，在里面掺上一点儿沙子和树叶，小心地把土地锄得松一些，尽量不要伤到植物的根。

 记得经常查看你的植物，观察它的状态。

景天属植物属于小型植物，分很多种类，都十分强韧。它们能在干旱、寒冷、炎热的气候下生存，会开出粉色、白色、黄色的星形花朵。如果你要确保自己的园艺活动大获成功，就养景天吧。

来当园丁吧

现在真的是时候将手伸向大地，来种点儿什么啦。首先，我们要播种。选择发芽较快的植物种子，比如枇杷或者柠檬，短期内它们就能发芽。不过即便是同一种植物，种子也会大不相同，就像同一对父母生下截然不同的兄弟。因此，要**耐下心来**栽培。

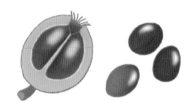

同一个枇杷的三颗籽……

一株生长缓慢
的植物

一株茁壮生长
的植物

一株枝繁叶茂的
植物

为你的种子选择一只花盆，盆底要有一个或多个小孔。首先铺一层**石子**，然后铺一层**沙砾**，最后用优质培养土填满花盆，土壤表面距花盆上沿约1厘米。用手指敲一敲花盆壁，让土壤沉一沉，如果有必要的话，再填一点儿土。现在，你的花盆就准备好啦——它已经成了一个摇篮，等着你选的种子舒舒服服地躺进来呢。

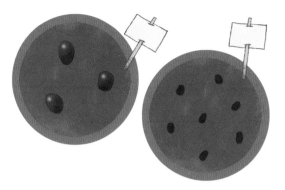

柠檬是一种我们早已熟悉的植物，也许柠檬是从中国经由阿拉伯地区传入欧洲的。这种树长着有刺的枝条，畏寒，植株能长到5米高。如果你在家里种下柠檬种子，可能需要6~7年才能结出果子来。

别把不同种类的植物种在一起，要分开种植，而且要记牢你在哪只花盆里种了哪种植物，最好能将植物的名字写在**小卡片**上，插进土里。种子越大，就越需要彼此间隔出较大的空隙，也需要埋得更深一些。

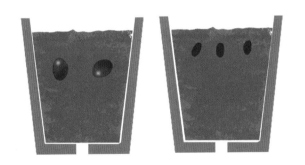

将种子埋进花盆土里的时候，要注意在它们彼此间留出距离，离花盆壁也要有一定的距离。可以用指尖把它们往深处戳一戳。个头较小的种子可以种在土壤表面，但是较大的种子就要种在更深的地方了，不过也别超过它们尺寸要求的深度。将土壤表面抚平。

69

植物克隆

每一颗种子都会带来惊喜！像罂粟、旱金莲等草本植物，只能用种子种植，种出来的植物什么样儿只能取决于种子。但是要种灌木和木本植物的话，那就是种的长什么样儿，长出来的就是什么样儿。

园丁有的是办法来确定自己所种的植物会长成什么样儿。其中最简单的方法就是扦插，也就是把你想种植的植物枝条直接插进土里。

迷迭香是一种灌木。而像薄荷或罗勒这样的香草也很容易种。

无论遇到什么问题，植物的细胞都有办法解决——它会生出新的根，抽出新的芽……如果你用扦插的方式种一株迷迭香的话，要先将剪下的枝条在水中浸泡一段时间，让它生出根来。不过一定要记得，用干净的剪子斜着剪枝。

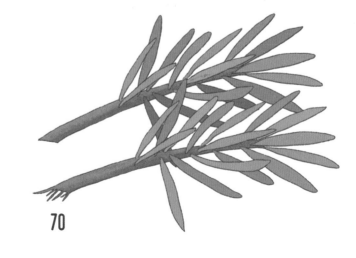

注意！小心使用剪子，使用剪子时必须有大人在旁边。

70

扦插一般在5月和6月间进行。剪一段15厘米左右的枝条。将底部5~6厘米处的叶片都剪掉。将枝条浸泡在温暖的水中。

将玻璃杯放在有阳光的地方。枝条会生出根来，它吸饱了水，以此来供养自己。如果水面降至最上面的根以下，那么就要加水了。

等根长得多一些了，就将植株移栽到花盆或者土地中去，注意不要伤到根。

我扦插的植物种类是 ....

我的扦插日期为 ....

扦插苗生根的日期为 ....

今天的日期是 .... 植株高为 ....

给我点阳光吧

你会看到，阳光对于植物来说有多么重要。它们需要待在一个日照强度合适的地方。不过，我们怎么才能知道对一株植物来说，什么样的日照强度才算是合适的强度呢？这就需要我们仔细观察了，有时候罗盘也能帮上我们的忙。

朝**北**适合栽种耐受力强的坚韧植物，它们也适合在潮湿、阴凉的地方生长。

西晒的日光总是较为热烈。喜热植物适合朝西栽培。

早上，**东**边的阳光温和而轻柔。朝东更适合栽种喜阴植物。

朝**南**适合栽种耐干旱的植物。墙壁既能保温，也会阻隔和反射热量。

72

在户外种植植物的话，光线来自四面八方，有直射光，也有反射光。在室内，光线则是透过玻璃窗折射进来的——植物会朝着那个方向生长，而另一侧的叶子就会遭遇生长困难。

办法就是每隔二十天左右转一转花盆，这样植物就能从各个角度接受光照了。

每一株植物都是一个不断生长的生物体。为了生长，它要生产叶绿素，也就要用到光。如果光线不足，叶子就会长得又薄又宽。如果光照过强，有的植物就会长出一层小细毛用来过滤多余的光线。

下一场人造雨

　　浇水壶、小喷壶和浇水管是最好玩的玩具。一人拿一样就可以来一场浇水大战呢！不过，给植物浇水也是一种责任心的体现，尤其是当我们用花盆来栽培植物的时候。所以，到底应该怎么浇水呢？

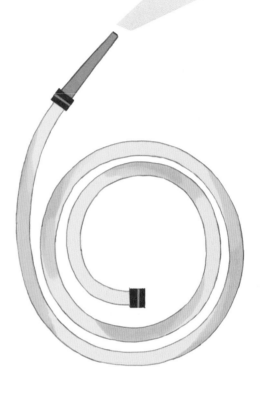

夏天时，不要将装着水的浇水壶或喷壶放在太阳底下。用这样的水浇花，会把植物烫坏的！

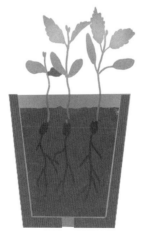

　　刚刚播下种子后的几天里，你只能用喷壶，这样才不会冲到泥土和种子。

　　叶子开始长出来的时候，就可以用**浇水壶**来浇水啦，但是要均匀地浇在土上。

那么浇水管什么时候用呢？可以在夏天的傍晚和清晨，阳光不太强烈的时候用。将花洒的喷水模式调成雨水式，记住花洒要保持向泥土喷洒。到了冬天，只能挑那些暖和的日子浇花，时间选在11点到14点，注意不要冻到根。

那么，水到底该浇多少呢？这要依植物的种类而定。如果这种植物是喜湿植物，那浇水就要浇得勤一些，但是每次浇的水量要少一些。你要做的是为植物"解渴"，而不是"灌水饱"！

如果你种的植物是耐旱植物，或者是多肉植物，那么夏天只需少浇水，冬天则几乎不需要浇水。

植物缺水时或浇水过量时，会发出信号吗？当然啦！经常观察植物的叶子，用手指摸一摸土壤。如果是养在花盆里，可以查看一下根有没有烂掉。

仔细观察和悉心照料能让你养的植物长得更好。它们在野生环境中本可以得到阳光的抚爱，在你的花园里或花盆里，它们需要你的抚爱。

灵丹妙药

当你要在花园中、阳台上或者室内"驯养"植物时，就要充分为它们创造条件，从大自然中采纳经验，将厨余作为一种肥料重新埋入土中就是一种方法。你也可以为植物做顿丰盛的营养餐——一种叫作"**有机堆肥**"的灵丹妙药。不过这种灵丹妙药要坚持几个月才能见效，因此，在这件事情上，也要耐下性子慢慢来！

你可以把下面这些东西放进你的堆肥桶。

瓜果皮核、菜根烂叶、茶叶咖啡渣，餐巾纸，废纸壳……

在这顿"营养餐"里，蚯蚓可是上佳的配料。在外面捉一些蚯蚓来放进堆肥里面。

盖子

遮阳网

打孔无底桶

底部铺石子的小箱子

每星期给堆肥少量浇水，时不时地用一根粗枝条翻搅一下，就像女巫搅动她的魔药那样！

对植物来说，最讨厌的威胁来自害虫和蜗牛，它们会啃噬植物的叶、茎、皮和根。怎么对付它们呢？

蚜虫是一种绿色的小小虫，它们喜欢啃噬嫩芽，尤其是月季花科植物。它们由蚂蚁供养。

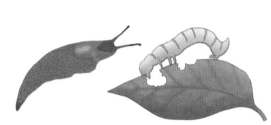

蛞蝓、**蜗牛**和**毛毛虫**一夜之间就能把一棵生菜或者一株小灌木啃得一片叶子也不剩。

一名优秀的园丁会想办法不让有害动物变得越来越多。他会把这些动物抓起来，送到很远、很远的地方去。**七星瓢虫**及其**幼虫**比较受园丁欢迎。因为它们能让植物的叶子变得干净，还能去除植物附近的杂草。

问荆是一种非常古老的植物，它不以种子而是通过孢子繁殖，就像蕨类植物一样。你可以将几支问荆在装满水的水桶中放置一个星期，然后用小勺取一些桶中的水，与一杯水混合起来，喷洒在遭虫病的植物身上，起到驱虫的效果。

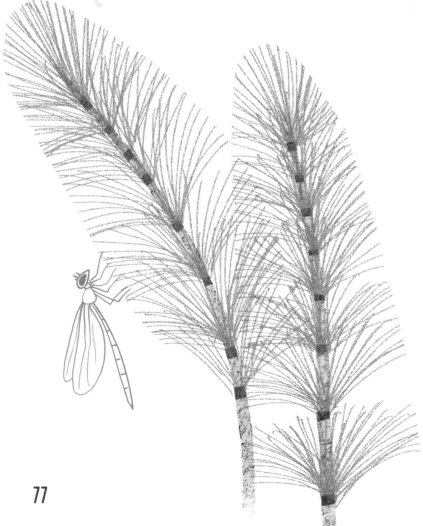

园丁的笔记本

园丁有个非常简单的办法，就是在一本笔记本上记下注意事项，或者要做的事情。这样，他就什么都不会忘了，犯过的错也不会忘，做对的事更不会忘！

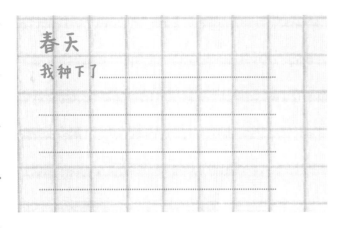

种下种子前，要先查看一下装种子的纸袋上写的日期，也就是播种的时间。

当你觉得土壤又热又干的时候，就该浇水了。在室内要经常用喷壶给植物喷水。

秋天

我在花盆或土壤中种下了

....

....

的球茎，它将在春季开花！

葡萄风信子　郁金香

用枯叶盖在有球茎的泥土上方，这样可以帮助植物御寒。

☐ 我把用具清洗干净、放好，这样要用的时候，我很容易就能找得到

冬天

☐ 我又除了一遍杂草

☐ 我往土里加了一些堆肥

☐ 我记得在暖和的日子里给植物浇水

现在是时候对你的花园进行一番设想了，不管你的花园是大还是小，是在室内还是在室外！

收藏爱好

收藏爱好者会进行一番细心筛选：他们将"一部分"物品与其他无穷无尽的物品区分开来，并将这"一部分"作为最爱。那么，园艺师会收藏些什么呢？当然是收藏植物啦！这里有三种可能的植物收藏：**香草类**、**多肉类**，以及**垂叶类**植物。

罗勒

月桂

薰衣草

鼠尾草

西洋细葱

迷迭香

橙香木

薄荷

如果收藏多肉类植物，藏品可能会相当丰富。这些植物"肉肉的"，能够将水分储存起来，以备缺水时用。

金琥仙人球

燕子掌

芦荟

龙神柱

攀缘类或垂叶类植物是另一个收藏热门。你可以选择从比较容易栽培的品种开始，把它们放置在高处。

常春藤

绿萝

旱金莲

紫竹梅

绿色午餐

亲手耕耘土壤，就可以种出一个小菜园。只要把手洗干净，就可以做出一顿丰盛的午餐。下面这些菜看大家都会喜欢，有些甚至经常出现在大厨菜单里！

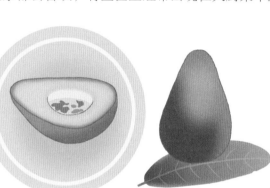

餐桌装饰：**胡萝卜头、洋葱**和在水中发芽的**大蒜**

冷菜：橄榄油、盐、醋或柠檬调味的**牛油果**

冷菜：白煮蛋、生菜、细香葱、番茄沙拉

热菜：**紫罗兰与迎春花汤饭**

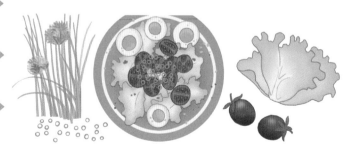

甜点：**薄荷叶柿子汁**

没想到，植物竟在我们的食谱中占据如此重要的位置。

在家里，我吃到了这些植物：

....

....

在外面，我吃到了这些植物：

....

....

别忘了食用油！它是用什么植物榨的？*

白糖呢，它是用什么植物做成的？**

在早餐或零食中，我尝出了这些植物的味道：

....

....

83

给"拇指姑娘"铺条小路

秋天，金黄的叶子落在尚青的草地上，观察这样一幅自然画卷所得的灵感，可以启发你来进行一项"大地的艺术"活动。调动你的艺术审美力和观察力，你也可以在户外创作自己的作品。

一到秋季，**枫树**五彩缤纷的叶子纷纷扬扬地飘落下来。可以在大树附近用这些叶子摆些你喜欢的几何造型。

可以用**小树杈**摆出造型，为拇指姑娘铺出一条路来。

你还可以在草地上或树林里再找些别的宝贝，摆成**曼陀罗**的图案。

84

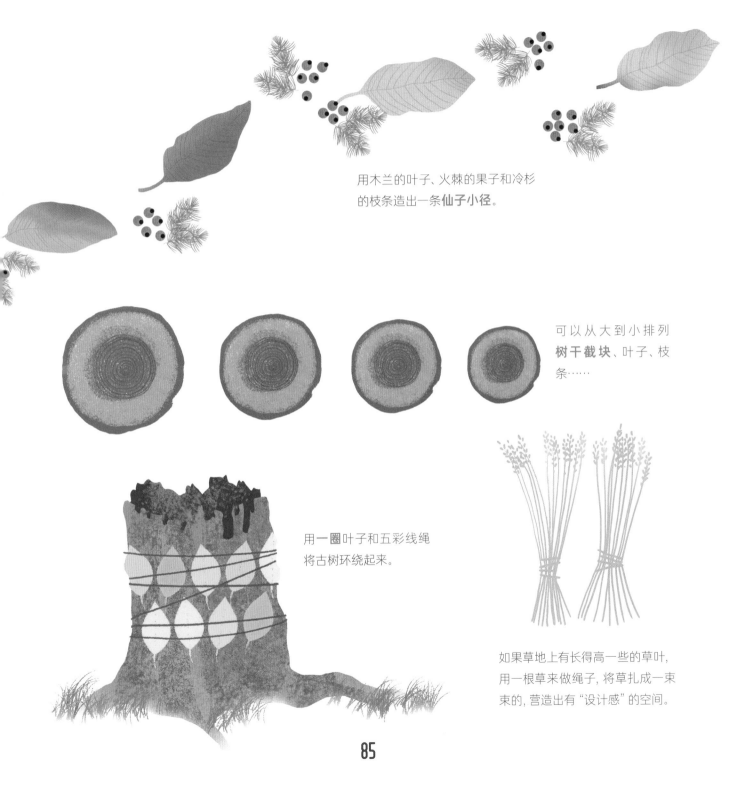

用木兰的叶子、火棘的果子和冷杉的枝条造出一条**仙子小径**。

可以从大到小排列**树干截块**、叶子、枝条……

用**一圈**叶子和五彩线绳将古树环绕起来。

如果草地上有长得高一些的草叶，用一根草来做绳子，将草扎成一束束的，营造出有"设计感"的空间。

画下来，更明白

你对植物感兴趣吗？当你看着植物时，是否满脑子问号等待解答？你喜欢到处探险，还喜欢做科学调查？书籍可能会帮上你的忙，不过植物的世界可是无穷无尽的呀！最好能从认识那些离你最近的植物开始，包括一些杂草！不过，只是用眼睛看东西，可能很快就忘了。用相机拍下来的东西，往往缺少多个角度。而用笔画下来的东西嘛……能让人明白好多事情！确实，要画画，你必须要在一个地方待上一段时间，但要是你有什么地方不明白，只需要仔细再看一看就可以了。

可以从练习画简单的叶子和花开始。可以把掉落到地上的花朵采集回家，以便更仔细地观察，静心地作画。

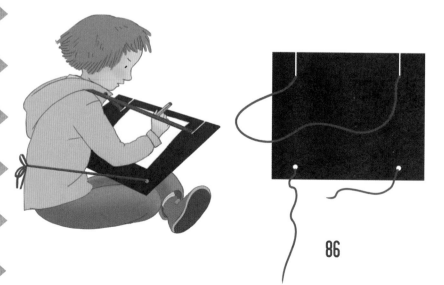

当你决定要去探索植物世界的时候，就带上素描铅笔和本子出发吧。或者也可以带几页素描纸和打好两个孔、有两道凹槽的纸板，可以像图中这样将绳子从上面和下面穿过系起来。画画的时候，它可以成为一个用着很舒服的画板。

尝试在这里画一株你喜欢的或大或小的植物。可以将你脑中的问题写下来。

开花植物到底有多少种？

叶子是什么形状的？

看到果子了吗？

种子在哪里？

茎叶上有毛吗？

根是什么样的？

词汇表

被子植物 开花植物。这是地球上群体最庞大的植物类型。它们会结出真的果实。

苞片 在花朵基部的叶子,有时候改变形状或颜色来模仿花瓣,好引诱传粉者前来。

球茎 可为植物贮存营养物质的地下变态茎(大蒜、洋葱)。

食物链 为了生存,所有的生物都需要摄入营养。植物可以从太阳光、空气和土壤中的矿物质中获取营养,而草食动物则需要吃植物,肉食动物需要吃其他动物。因此,能量是以食物的形态传递的,比如,小鸡吃米,狐狸再吃小鸡。

落叶植物 到休眠季节会让树叶落下来的植物。

堆肥 将厨余、菜园和花园废料中的有机物质混在一起,作为肥料使用。

裸子植物 指的是"种子裸露"的植物,它们的种子在一种特殊的结构——球果(分雌性和雄性)上形成。裸子植物不开花,也不结果。

腐殖质 指的是由细菌和真菌对有机物(叶子、果实、粪便、动物的残骸)分解处理形成的棕褐色的泥土。蚯蚓和螨虫都对肥沃的土壤做出了贡献。

传粉 将花粉从一朵花传递到另一朵花上。当植物雌雄同体,传粉只在同一株植物上就能完成时,叫作"自花传粉";当传粉发生在两株植物之间时,叫作"异花传粉"。

菌丝体 指的是地下的真菌形成的菌丝整体。那才是蘑菇的真面目。果实是从菌丝体中结出来的,也就是我们平时所说的"蘑菇"。

花粉 许许多多非常细微的小颗粒。这些小颗粒中含有植物的雄性生殖细胞。

根茎 具有贮存营养物质功能的地下茎(鸢尾、姜)

种子 同一物种的两株植物授粉后形成的结果,或单株植物自传粉后形成的结果。种子中含有胚芽——新的植株就是从那里长出来的,还有胚乳——一种含有丰富营养物质的组织。

常绿植物 到了休眠季节也从不落叶的植物。

共生关系 两种及多种生物之间彼此互利的稳固关系。

孢子 一种非常顽强的细胞,亲水植物(如苔藓、蕨类和木贼等)通过这种细胞进行繁殖。

匍匐茎 沿着土地表面伸长的中空茎,植物可以通过它来生芽,从而形成新的独立植株。

扦插 一种培育植物的常用繁殖方法,取植物的一部分(茎、叶、根、芽等)插入土、沙或水中,使之成为独立的新植株。

块茎 块状的地下茎,里面贮存着大量淀粉(如马铃薯)。块茎上有许多芽("眼"),从这些芽中可以生出新的茎和新的根。

目录

春夏秋冬，都到植物园散步去

和那些活泼可爱会撒娇的动物相比，安静的植物们常常被我们忽视。只有在它们花期璀璨或是落叶缤纷的时候，才短暂地吸引住人们的眼球，让人觉得这些看上去毫无活力的家伙似乎也能绽放出一点美丽。实际上，地球上几乎所有生命体的生存、生长和运动所需要的能量都是由植物提供的，安安静静的植物们，才是地球上生机勃勃的活力之源。所以，我们四季都应该去植物园走走，去那里看看来自世界各地不同生态环境的植物，在不同的季节是怎样生长的，以及怎样为动物们提供食物和家园的。要知道，植物园可以说是城市中最具生物多样性的，也是最值得每天都去散步的地方。

城市中生活的人类一直都很热爱植物园。古代西方有巴比伦的空中花园，东方有司马相如笔下的云梦泽和上林苑，都种植了来自各地的奇花异草，它们争奇斗艳，引来飞禽走兽为王公贵族取乐。在地理大发现时期，来自新大陆一些无人岛的、闻所未闻的植物，更是让博物学家和植物研究者们大开眼界。意大利的帕多瓦市建起世界上第一座近代植物园，一开始就致力于为科学研究收集丰富的物种。而这一时期的植物园，已经不再只是贵族们休闲娱乐的场所，而是更多承担起了科学发现、教学研究、物种保存和科学普及的责任。

当我在德国波恩大学攻读博士期间，几乎每周都会在波恩那座小小的、没名气的植物园里散步。在那里，我意外地看到了来自故乡四川的鸽子花，还有从中国移植的200多年高龄的银杏树。在那里，我还认识了来自热带的王莲，以及开放的花序可以高达3米的，但却奇臭无比的巨魔芋。博士毕业以后，我回到北京香山脚下工作，更是天天都在植物园里徜徉。北京植物园的池塘里生长着考古发掘出的数千年前莲子开出的花朵；温室里还培育着印度前总理尼赫鲁赠送的那棵菩提树，据说是从佛祖悟道的那株菩提树上折下来的树枝扦插而成的。

其实，几乎每一座城市都有自己的植物园：北京、上海、广州、武汉、西双版纳等地的植物园都非常有名。我们身边的"植物园"大小不一，可以是小区的绿地，也可以是城市的公园。只要认真地辨别，每一座植物园都有自己种植的特色物种和精彩故事。在北京居住的小区中，我慢慢地学会了辨出都是在春季开黄花的连翘、迎春和棣棠。来到海南以后，也学会了辨别多种之前从未见过的、形态大同小异的棕榈物种。每一种植物，在每一天里，都以不同的姿态迎接日月升落和季节更迭。漫步在植物园内，可以沉醉于它们呼吸出的各种香味，慢慢感觉自然变化之美。

《聪明绝顶的植物》这本书可以让我们理解植物并爱上植物，甚至作为在家里种植好植物的入门手册。这本手册系出名门，是由当今世界上历史最悠久的、最古老的帕多瓦植物园指导完成的。作者用妙趣横生的绘图，配合着生动幽默又不失科学严谨的语言，讲述了植物、植物园，还有那些和植物互动的动物，培养和研究植物的园丁们的故事。不管您是孩子还是大人，无论生活在城市还是乡村，都可以通过阅读这本书，爱上身边的植物，爱上逛植物园，从中收获的美好会让您受益终生。

万迎朗 教授
海南大学热带作物学院